GOODBYE OIL

© 2018 Harriet Russell

© 2018 Canadian Centre for Architecture

All rights reserved

Published by Canadian Centre for Architecture and Corraini Edizioni

Simplified Chinese translation copyright © 2021 by Beijing Dandelion Children's Book House Co., Ltd.

The simplified Chinese edition is authorized by Maurizio Corraini srl, Mantova– Italy through NiuNiu Culture.

An earlier version of this story was first printed under the title "An Endangered Species" in Sorry Out of Gas: architecture's Response to the 1973 Oil Crisis, edited by Giovanna Borsai, and Mirko Zardini and published by the CCA and Corraini Edizioni.

For more information on CCA publications, please visit cca.qc.ca/publications.

版权合同登记号 图字：22-2021-046

图书在版编目（CIP）数据

如果没有石油 /（英）哈丽雅特·罗素文图；毛太
郎译. -- 贵阳 ：贵州人民出版社，2021.12（2024.9 重印）
　　ISBN 978-7-221-16718-7

　　Ⅰ. ①如… Ⅱ. ①哈… ②毛… Ⅲ. ①石油－普及读
物 Ⅳ. ①TE-49

　　中国版本图书馆CIP数据核字(2021)第206897号

RUGUO MEIYOU SHIYOU

如果没有石油

［英］哈丽雅特·罗素　文图　　毛太郎　译

出 版 人　朱文迅
策　　划　蒲公英童书馆
责任编辑　颜小鹂
装帧设计　蒲雪莹
责任印制　郑海鸥

出版发行　贵州出版集团　贵州人民出版社
地　　址　贵阳市观山湖区中天会展城会展东路SOHO公寓A座（010-85805785　编辑部）
印　　刷　北京博海升彩色印刷有限公司（010-60594509）
版　　次　2021年12月第1版
印　　次　2024年9月第4次印刷
开　　本　710毫米×1000毫米　1/16
印　　张　2.75
字　　数　35千字
书　　号　ISBN 978-7-221-16718-7
定　　价　52.00元

如果没有石油

[英] 哈丽雅特·罗素　文图

毛太郎　译

石油

已经消失！

即将消失！

贵州出版集团　贵州人民出版社

你知道我们每年会用掉多少桶石油吗?

数一数画面中有多少个油桶,再把你数出的结果乘以100万,这大概就是我们每天用掉的石油的数量。算下来,全球目前一年要用掉约**310亿**桶石油。

有些人认为，我们能够开采的石油已经不多了。也许再过32年，我们将很难再开采到石油。

留给我们的时间越来越少……

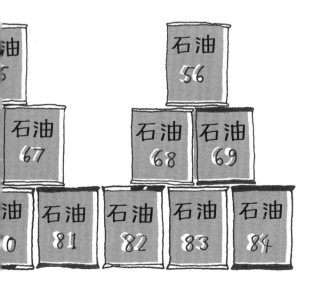

石油找一找

你好！ 我是一小桶石油，现在就藏在这些乱糟糟的东西里。你能把我找出来吗？

我玩躲猫猫特别厉害，看看你能不能在森林里找到我······

没找到？对不起，你可能很难找到我了。

你刚一转身，我就被一辆吃油的大卡车吞掉了。实话告诉你，被车吃掉一点也不好玩！

石油不仅可以用来取暖、照明，还能变成交通工具的燃料，也能用来制造各种东西，没想到吧！

右图中的东西主要是用石油或石油化工产品制造的。→

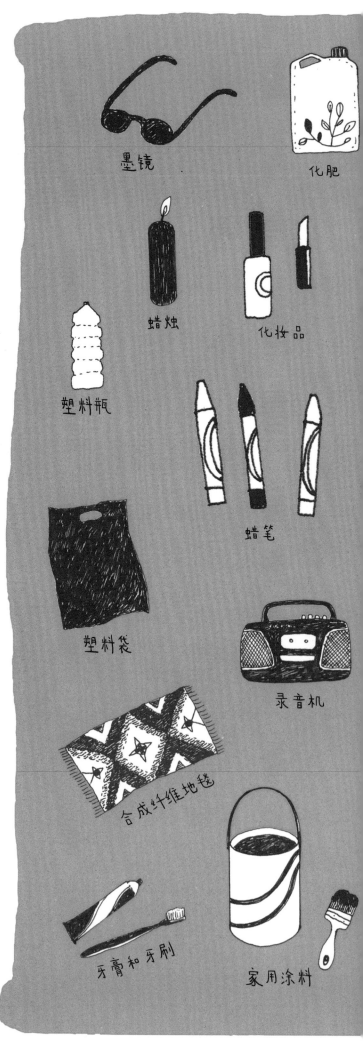

墨镜

化肥

蜡烛

化妆品

塑料瓶

蜡笔

塑料袋

录音机

合成纤维地毯

牙膏和牙刷

家用涂料

橡胶鞋底

洗发水

轮胎

光盘

笔和墨水

涤纶衬衫

洗涤剂

梳子

尼龙袜

电话

↓ 石油非常重要.

V.I.P.

石油很珍贵，因为它不可再生，一旦用完，就再也没有了。石油很有可能是在数百万年前，由一些很小很小的史前生物遗骸形成的，这些生物主要是浮游动物和浮游植物。

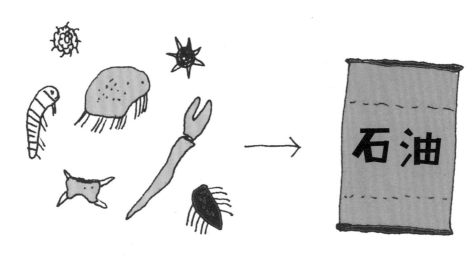

如果没有我，
你就没法开汽车。

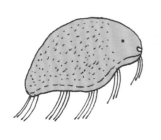

也没有办法
用割草机修剪草坪。

如果没有我，
夜里就会变得黑漆漆的。

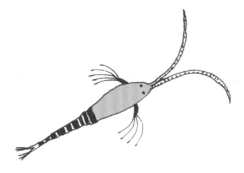

你也不能坐飞机旅行了。

这些浮游生物死后会沉入海底，被一层又一层的泥沙覆盖。随着时间的流逝，它们逐渐变成岩石，而后在高温和强大的压力下，转化成石油。

100吨

100℃

石油通常被困在一层层的岩石中间，而这些岩石大多在地底或海底数百米到数千米深的地方。我们必须用非常坚硬的钻头打出油井，才能把石油开采出来。那些能够好好扶着钻井设备和钻杆的结构叫作井架。看看你能不能从下面这些井架里找出**埃菲尔铁塔。**

你好，
我叫架架，
是一个井架。

石油

石油

石油

我们也可以用抽油机把地下的**石油**抽取上来，由于工作时不停上下运动，像在磕头，这种抽油机又叫"磕头机"，它的最前端被称为"驴头"。

可是我的头跟你们的长得一点都不像！

石油

石油

石油

除此之外，我们还可以用一种叫水力压裂的方法，把石油从地下深处开采出来。

先用卡车从湖泊、河流、小溪中运来大量的水，接着把水、砂子和化学物质混合在一起，制作成压裂液，然后把这种液体灌进压裂用的深井中。

嘎!

我喜欢游泳!

嘿! 你为什么要动我们的水?

水力压裂还有污染地下水的风险。

你来这里做什么?
我来帮你从地下逃出去，
虽然我也不知道为什么。
要我说，你又脏又恶心，
根本不值得被拯救……

哼! 你说话真难听。
赶紧走开!

你才应该赶紧走!
你要是污染了我，
大家喝的水就不安全了。

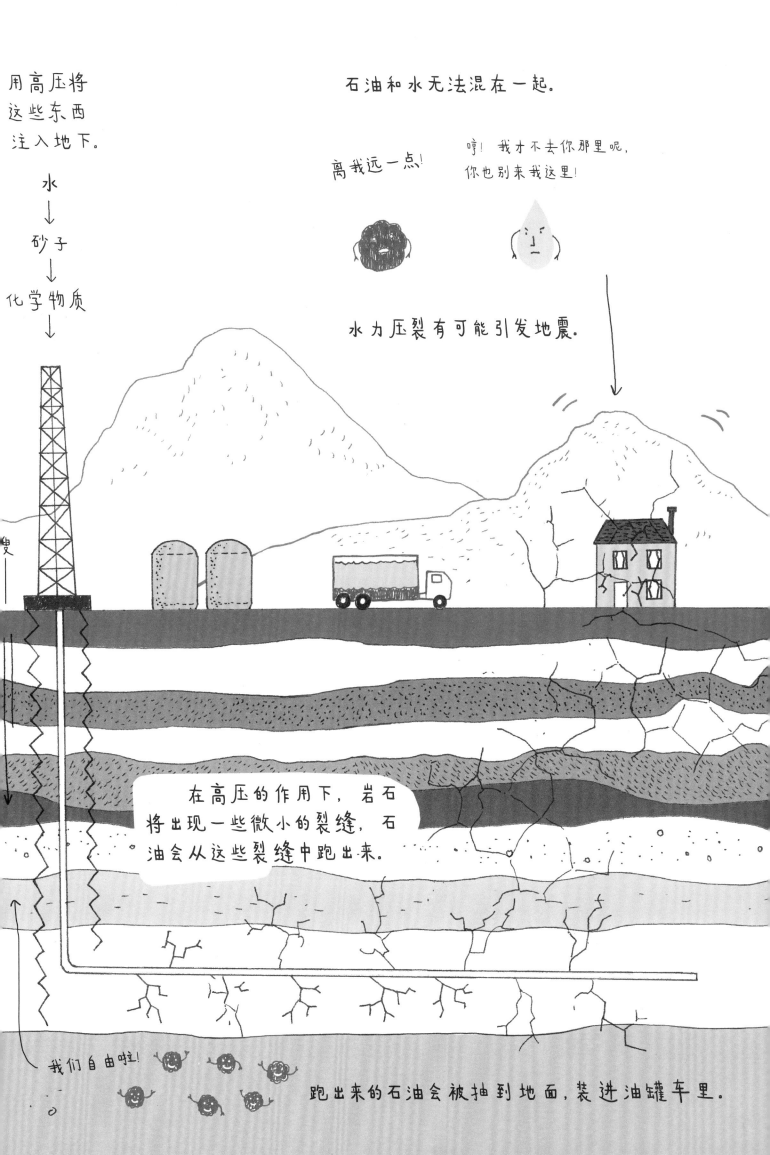

刚从地下开采出来，未经处理的石油叫原油，一般不会直接拿来使用。我们会对它进行"清洗"（或者说精炼），然后把它加工成我们可以使用的各种产品。

原油与精炼油

喂！

天哪，真粗鲁。你那种随随便便的语气，是在跟我说话吗？

嗝——当然！我是原油。你呢？

我是精炼油。请你不要靠得太近，免得别人以为我们是朋友。

你——嗝——有什么毛病吗？

谢谢，我没任何毛病。我是超高品质的精炼油，非常重要。

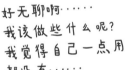

你——嗝——在这儿干啥呢？

对不起，我忍受不了你的粗鲁，我要去找我那些精致的朋友了。

喂！别走啊！

好无聊啊……我该做些什么呢？我觉得自己一点用都没有……

也许你该找一份工作……

再见——

是谁在说话？！

是我，一朵云。

我才不要什么工作呢！

首先，你需要参加训练。

不要……你走开！

你还需要学习讲礼貌……孩子，我们去炼油厂接受一番锻炼吧！

我要提醒你，精炼是一个很折磨油的过程……

在高温下，原油裂成了一个个小块。

熔炉

啊——

救命啊！我的身体裂开了……我的胳膊不见了！啊——400℃

又过了一段时间（不停地尖叫以后）

我觉得自己焕然一新了！

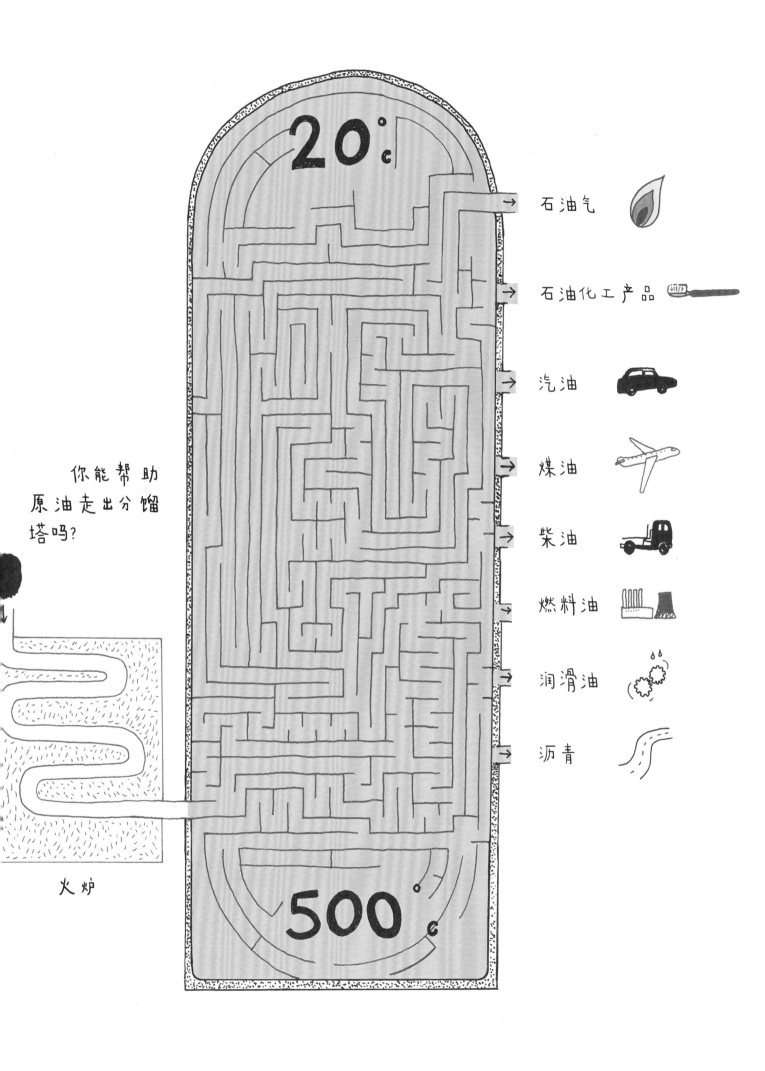

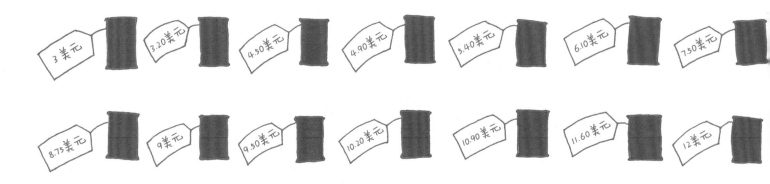

1973年，全球出现了一次严重的石油短缺，
美国进口石油的数量从每天120万桶减少到每天1.9万桶。

每桶石油的价格涨到了原来的4倍。

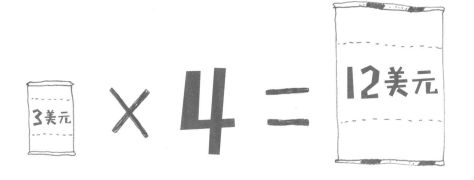

为了节省燃料油，人们
不得不关闭学校和办公室。

工厂也减少了产量，
大批工人下岗。

停课　　　　停业

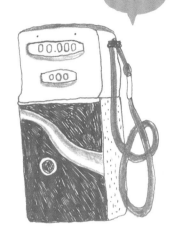

对不起！没有汽油。

这是快 50 年前的事情了，但今天我们正面临着相似的挑战。

我们必须减少石油的使用量，这不仅是因为石油快用完了，更是为了保护环境。过度燃烧石油和其他化石燃料是非常具有破坏性的，这个过程会产生大量的二氧化碳，而过多的二氧化碳对我们的环境很不友好。少用石油意味着我们要改变自己的日常生活习惯。我们要少开汽车，多使用其他交通方式。

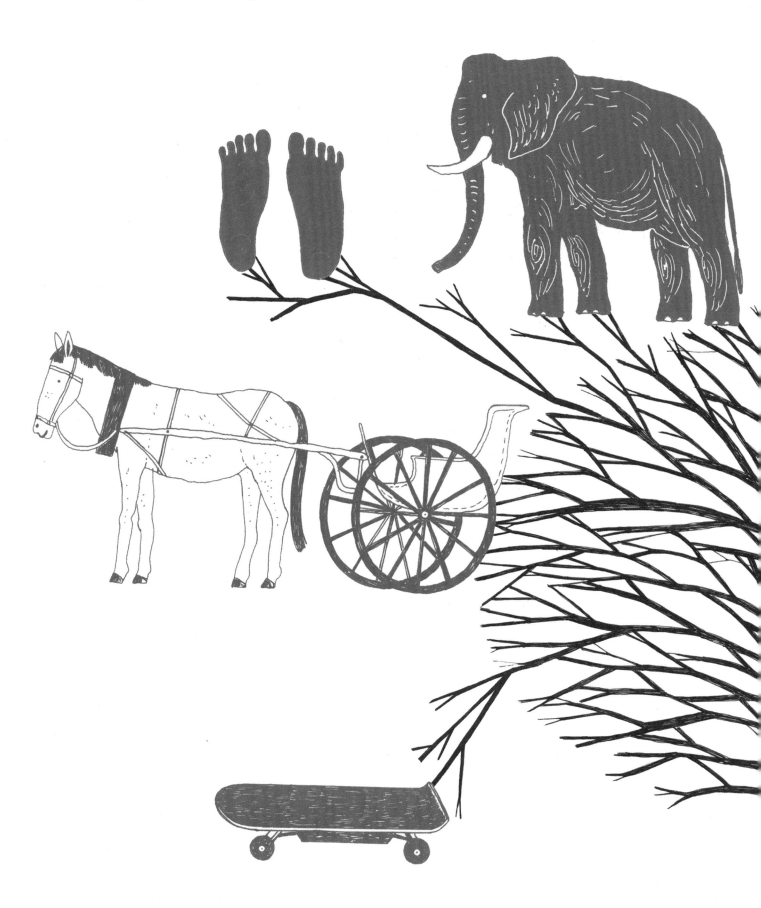

比如，你可以骑自行车、滑旱冰、溜滑板、走路、骑马、骑大象、骑骆驼……你还能想到其他交通方式吗？

与其给一栋冰冷的房子供暖，倒不如直接盖一栋保暖的房子。给房子保暖，就好比是用一床巨大的被子或者毯子把房子裹起来。

各种各样的保暖方式

围巾

被子

毛衣

毯子

茶壶套

羊毛帽

你也可以这样给自己保暖······

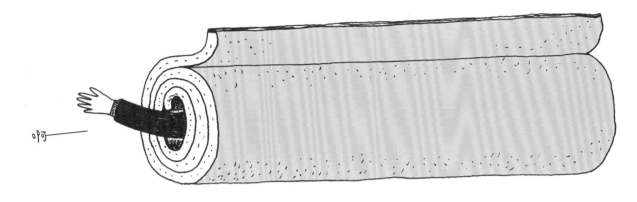

啊——

如果有更好的保暖措施，你就可以把暖气关小一点。

把这个换成**这个**。→

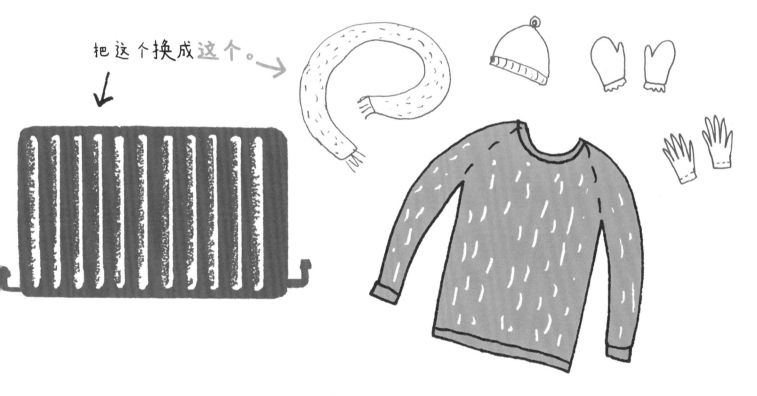

如果人人都把暖气的温度调低 3℃，就能节约大量的能源。

-3° C

我们所有的能源都直接或间接来自**太阳**。

狭义的太阳能主要指的是太阳光。我们可以利用太阳光来照明、给房间取暖，还可以利用它来烧水、做饭，甚至用于交通运输。

太阳房

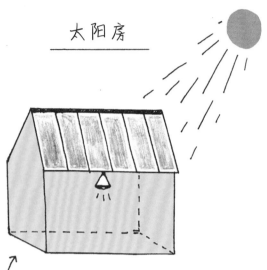

主动式

主动式太阳房通常会在屋顶上安装太阳能电池板，这些电池板可以收集太阳的能源，用来供电和烧水。

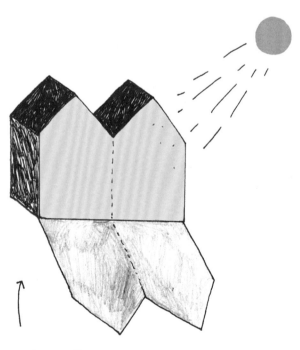

被动式

被动式太阳房有点像玻璃温室，装有很大的玻璃墙。白天阳光可以透过玻璃墙照进来，提高室内温度。晚上则要用很大的百叶窗把玻璃遮起来，减少热量流失。

有一个挺讨厌的问题：

冬天，当我们的房子最需要能源的时候，偏偏是阳光最少的时候。而夏天，我们需要能源最少的时候，偏偏阳光最强！

也许冬天和夏天应该调换一下。

我一直都在天上，不能像电灯一样随意开关，但我是免费的，所以请尽情使用！

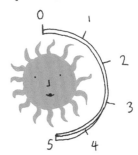

但是我热爱夏天！心情好的话，我能连续好多天不停地发光发热。

你恐怕管不了我，因为我有自己的想法。冬天太冷了，到处灰蒙蒙的，我不喜欢在外面待太久。

幸运的是，我的能源可以被储存起来，在其他时间使用。

阳光

风也可以成为一种能源。我们可以利用风力涡轮机发电。许许多多的风力涡轮机散布在一望无际的原野上，便形成了一个风力农场。风力农场不同于一般的农场，这里不饲养羊、猪或鸡，而是为城镇提供源源不断的电力。

我也不是完全可靠的。

全年大约只有三分之一的时间，我可以被人类利用。

因为有时候我吹得太快。

而有时候又吹得太慢，或者根本不吹。

当然，有时候我还是会好好吹的。

所以，我最好还是和其他形式的能源一起使用，比如我的朋友太阳的能量。

如何制作一个纸风车？

- - - 沿虚线折叠
——— 已有的折线

你需要：

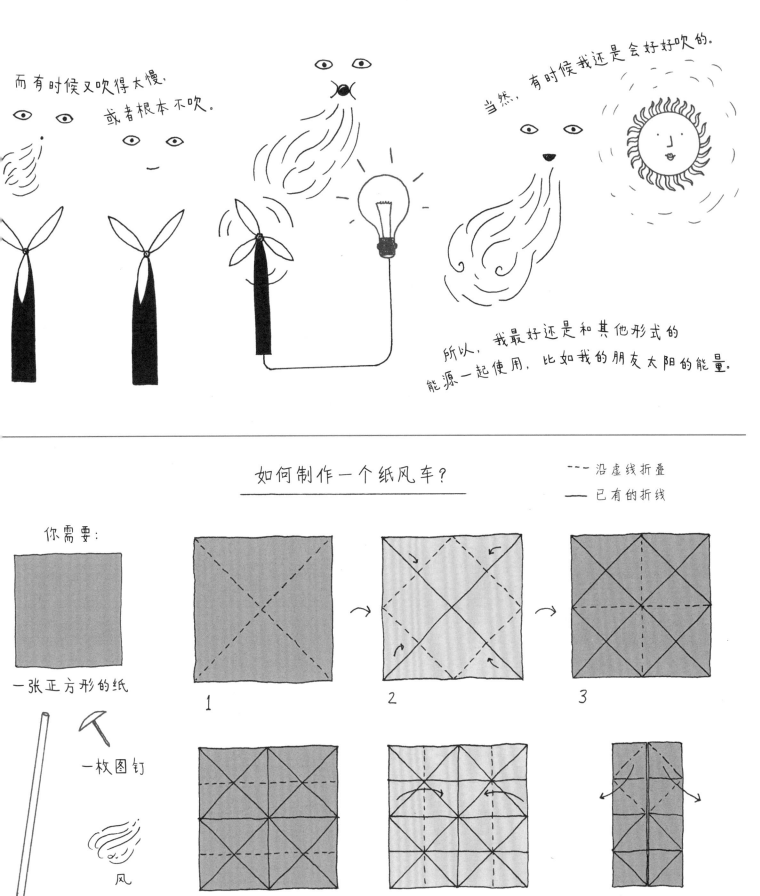

一张正方形的纸

一枚图钉

风

一根小棒
或者吸管

1

2

3

4

5

6

7

8

9

10

如果将房子建在地下，它就不太会受到极端气温的影响，能节省约 80% 的能源消耗。

选择你喜欢的景色

在新型地下房子里，你可以选择五花八门的窗外风景，还可以随时更换。

你可以很方便地将选中的风景插入窗户中。

死气沉沉，看不到任何风景。

海边

金字塔

起伏的丘陵

森林

高山

我找不到家了！

房子与周围的环境已经融为一体。

大棒啦！一瞬间，你就能躺在法国南部的海滩上！

隔音效果非常好。

动次打次

吵闹的邻居

只要变得更加自给自足，我们就能节约更多的能源。这样的办法还有好多，比如自己种蔬菜、水果，养鸡，用重复利用的水浇菜园，自己堆肥等。

请沿着红色的线条和箭头，找一找能源是如何被利用和回收的吧。

太阳

电力

洗衣机

炉灶

蜂

食物残渣

果园

晒衣服

蜜蜂

鱼塘

水果、蔬菜

鸡

鸡的粪便

鸡蛋

土壤

风

雨

水

水桶

堆肥

浴缸

洗碗池

可回收垃圾桶

菜园

马桶

玻璃、硬纸板和塑料

人的粪便

土壤

我们甚至可以自己制造生物燃料。生物燃料是用有生命的有机物质制造的可再生燃料。向日葵、甘蔗、柳枝稷等植物都可以用来制造生物燃料。

玉米、小麦等粮食作物也可以用来制造生物燃料。

我们家的汽车烧的是玉米棒!

粪肥可以用来生产生物柴油。

我的拖拉机烧的是马粪!

柳枝稷是一种很适合做生物燃料的植物，它生命力顽强，在无法种植庄稼的土地上也能长得很好。

我们还可以在室内通过堆肥来重复利用有机垃圾，你只需要一间蚯蚓养殖场！

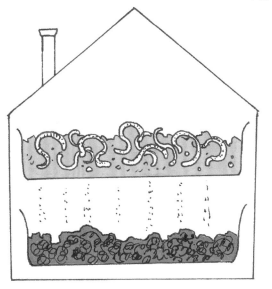

除了太阳能和风能，让我们来
看看另外几种形式的可再生能源。

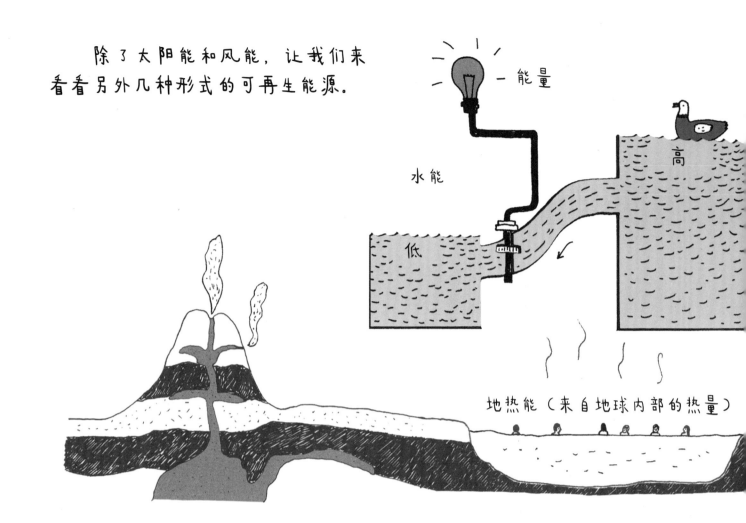

能量

水能

高

低

地热能（来自地球内部的热量）

地热能取暖在冰岛非常普遍。就算在白
雪皑皑的冬天，人们也能在温泉里游泳。

波浪能

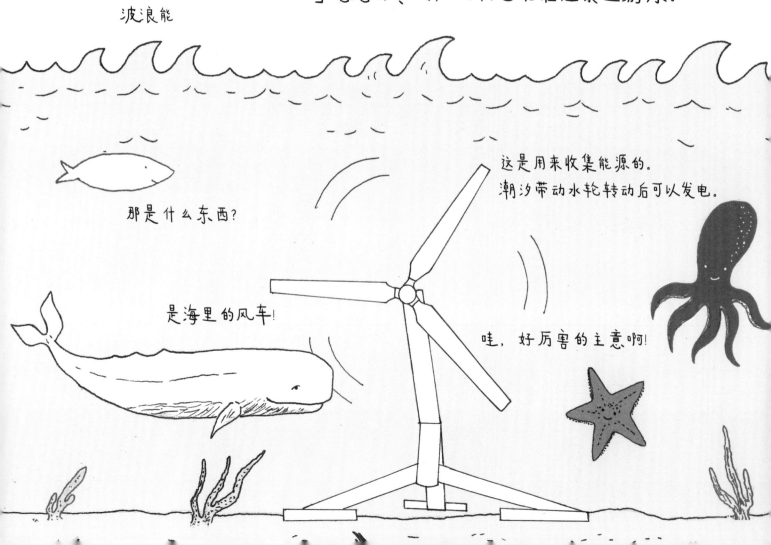

那是什么东西？

是海里的风车！

这是用来收集能源的。
潮汐带动水轮转动后可以发电。

哇，好厉害的主意啊！

你好！ 我是另一小桶石油.

现在你已经知道可再生能源的全部知识啦！ 如果我们从现在开始使用可再生能源，就能节省 **好多好多** 石油.

下一页还列出了另一些值得做的事情，这样你就能节约 **更多的** 石油了……

⟶

比如选择离家近的地方度假。

比如用许许多多可爱的图书来代替电视和电脑。

比如尽量使用可回收材料制作的东西.

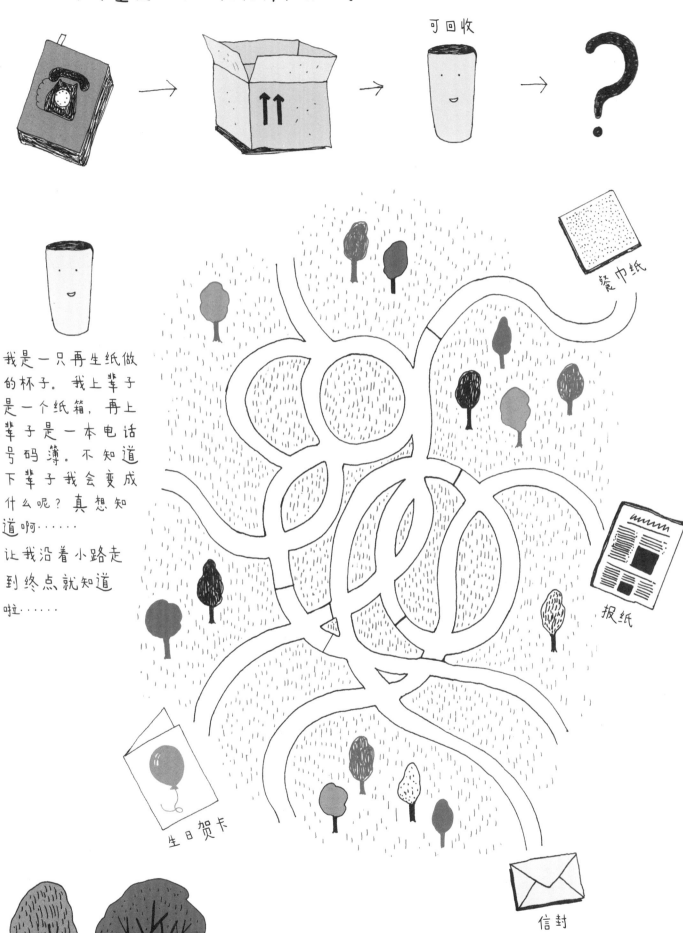

可回收

我是一只再生纸做
的杯子. 我上辈子
是一个纸箱, 再上
辈子是一本电话
号码簿. 不知道
下辈子我会变成
什么呢? 真想知
道啊……
让我沿着小路走
到终点就知道
啦……

餐巾纸

报纸

生日贺卡

信封

或者多去户外活动活动.

现在……请把灯关了，然后多吃点胡萝卜（它们能让你在夜里看得更清楚）。